AF603066

LES CHIFFONS ENGRAIS

ET

LES POUSSIERS DE LAINE

APPLIQUÉS A L'AGRICULTURE

par

MM. ARIÈS PÈRE, FILS & CAPDEVIELLE

24, rue Bigot. Bordeaux

BORDEAUX

TYPOGRAPHIE Ve JUSTIN DUPUY ET COMP.

RUE GOUVION, 20.

1865

INTRODUCTION.

L'agriculture a toujours été et se trouve encore aujourd'hui la véritable source de toutes les industries. Sans doute, ces dernières ont subi des perfectionnements et des métamorphoses dignes du siècle qui les voit prospérer ; mais on admettra, et avec justice, que l'art agricole n'est pas resté en arrière et que ses perfectionnements peuvent être aussi constatés à la gloire des hommes de notre temps qui ont su les faire naître.

La recherche incessante de nouveaux engrais pour obtenir des produits plus riches et plus abondants ; les efforts persévérants pour transformer en produits utiles des masses considérables de détritus, source d'infection et de mort, constituent certainement l'un des plus beaux progrès réalisés et en même temps inspirés par l'agriculture. Enumérer les quantités innombrables de fabriques qui s'élèvent de tout côté, citer les hommes honorables qui se mettent à la tête de ces entreprises, serait amplement prouver ce que nous venons d'avancer.

L'industrie que, depuis trente ans bientôt, nous avons nous même fondée n'est-elle pas tout à l'avantage et au profit de l'agriculture, et ne lui rendons-nous pas ce qu'elle-même nous a donné? C'est par ses soins assidus et vigilants qu'a pu naître et grandir la brebis dont la riche toison a servi à fabriquer nos vêtements ; aujourd'hui ces vêtements, devenus vieux et ne pouvant servir, sont réclamés, et la vertu qu'ils possèdent encore va être utilisée au sein de la terre, pour faire germer de nouvelles plantes qui seront la nourriture d'un autre animal qui, lui aussi, grandira pour donner sa toison. Cercle éternel dans lequel la vie s'agite et se manifeste, mais où la matière ne fait que changer de place.

C'est ainsi que la nature, si ingénieuse dans ses moyens, si admirable dans ses ressources, saura faire servir l'élément en apparence le plus infime, à condition toutefois que l'intelligence de l'homme vienne la seconder.

Et cette intelligence, nous pouvons le constater, ne fait pas défaut aujourd'hui ; car si la pratique des champs semblait, à une époque encore peu éloignée de nous, être l'unique partage des derniers rangs du peuple, on peut maintenant voir en tête du mouvement agricole les hommes les plus éminents et portant un nom dont s'honorent, à juste titre, en même temps que la science et les arts, la société la plus élevée et la plus exigeante.

Sans doute, une jeunesse plus téméraire que coupable, plus entraînée que convaincue, s'imagine trop souvent encore que les grandes villes lui offriront des chances de succès et de fortune plus rapides et plus considérables que celles qu'elle aurait trouvées au sein des campagnes; mais, hélas! l'illusion est de courte durée et l'on s'aperçoit vite qu'il y avait plus de jouissance et de bonheur réel à cultiver en paix l'héritage de ses pères qu'à venir échanger contre des plaisirs trop souvent ruineux sa fortune et sa santé.

Espérons que le mal n'ira pas en s'agrandissant, qu'il trouvera une digue dans les exemples qui lui viennent d'en haut, et qu'à l'agriculture, notre société moderne devra son retour à la véritable civilisation et surtout à la moralisation dont elle éprouve un si pressant besoin.

Un philosophe du dernier siècle, l'abbé Raynal, disait, avec juste raison, « que les hommes comme les choses roulent dans un cercle défini d'où ils ne peuvent sortir, et que l'excès de civilisation les ramène au point d'où ils sont partis. » C'est l'agriculture qui, dans le début, à moralisé et civilisé les peuples et certainement c'est l'agriculture qui, de nouveau, les moralisera et les civilisera.

Voulant aussi, nous, contribuer aux progrès et aux perfectionnements de cette agriculture de laquelle, comme nous le disions quelques lignes plus haut, il y a tout à attendre, nous venons, dans cet opuscule, expliquer l'un des plus beaux progrès, l'une des plus belles conquêtes réalisées par l'industrie en faveur de la pratique agricole : nous voulons parler de l'application *du chiffon de laine comme engrais* à l'agriculture ; tel est le sujet que nous voulons traiter.

CHAPITRE I.

Origine de la laine; sa composition.

—

La laine est la matière filamenteuse qui couvre la peau des moutons et de certains autres animaux, tels que les chèvres du Thibet et de Cachemire, le castor, le lama, etc. C'est avec ces diverses espèces de poils, qui se distinguent les uns des autres par quelques propriétés physiques, mais qui ont la même nature et les mêmes caractères chimiques, qu'on fabrique, depuis l'antiquité la plus reculée, des étoffes qui servent à l'habillement et aux autres usages de l'homme, sous les noms de *draps*, de *cachemires*, de *mérinos*, de *casimirs*, de *lustrines*, de *serges*, de *flanelles*, *etc.*, *etc.*

M. Chevreul, le directeur actuel du Jardin-des-Plantes de Paris, et auquel la science moderne doit les plus précieuses découvertes, a examiné la laine brute de mérinos et a trouvé qu'après avoir été séchée à 100 degrés, elle contient :

Matière terreuse..	26.06
Suint de laine soluble dans l'eau froide.. .	32.74
Espèces de graisses particulières.	8.57
Matières terreuses fixées par les graisses.	1.40
Laine proprement dite..	31.23
	100.00

Dans l'analyse qui précède, nous avons parlé du *suint;* il ne sera peut-être pas inutile de dire un mot de cette substance qui se trouve dans la laine et qui en fait partie intégrante.

Le *suint* est une matière grasse, onctueuse, très odorante, qui, selon toute apparence, a sa principale source dans l'humeur de la transpiration cutanée de l'animal, mais qui peut bien avoir subi, par son contact, avec les agents extérieurs, quelques changements qui ont modifié sa composition. Vauquelin l'a considérée comme un savon à base de potasse, associé à une certaine quantité d'acétate de potasse, de carbonate de potasse et de chlorure de potassium ; plus une substance animale odorante (1).

La laine à l'état pur donne, d'après Scherer, la composition élémentaire suivante :

Carbone..	50.653
Hydrogène.	7.029
Azote..	17.710
Oxygène et soufre.	24.608
	100.000

Il est facile de constater qu'elle renferme du soufre au nombre de ses principes constituants. Il suffit de la faire bouillir légèrement avec une faible dissolution alcaline ; il en résulte une liqueur qui donne un dégagement d'hydrogène sulfuré avec les acides, et qui précipite en noir par les dissolutions métalliques, notamment par l'acétate de plomb.

(1) Suivant M. Maumené, le *suint* n'est pas alcalin, attendu que la potasse qui s'y trouve en grande quantité est neutralisée principalement par un acide organique spécial, énergique, qui affecte la forme d'un liquide huileux. MM. Maumené et Rogelet ont eu la pensée d'extraire industriellement la potasse du *suint*. Ce serait là une nouvelle industrie qui pourrait être exploitée avec succès dans tous les pays où l'on s'occupe du lavage des laines.

Si nous nous sommes arrêtés à parler des différents principes qui se trouvent dans la laine, c'est qu'ils ont une importance réelle au point de vue du sujet que nous voulons traiter dans cet opuscule. La potasse, le soufre, l'azote, font sans contredit partie des principaux éléments de la végétation, et il nous va de les trouver réunis dans une matière que nous nous proposons d'appliquer d'une manière spéciale à l'agriculture.

CHAPITRE II.

Le chiffon de laine dans l'industrie.

—

Le temps n'est pas encore très éloigné où l'on voyait les villes, les plus petits hameaux parcourus par des marchands qui échangeaient, contre des ustensiles de ménage, tous les chiffons qui encombraient chaque maison et que l'on considérait comme des rebuts dont il fallait se débarrasser au plus vite. Contre un plat souvent défectueux, on donnait quelques kilos de chiffons, et l'on s'imaginait avoir fait une brillante affaire; mais l'on ne soupçonnait pas de quel côté était le véritable gain. Cependant il y en avait un réel, et celui qui expédiait vers les grands centres ces immenses ballots, rapidement façonnés, avait compris toute l'importance de la nouvelle industrie qui se créait alors, et qui compte à peine, au moment où nous écrivons ces lignes, un tiers de siècle d'existence.

Comme preuve de l'importance de cette industrie et des développements qu'elle prend chaque jour, il nous suffira de donner ici quelques détails qui nous sont personnels, puisque nous en sommes les véritables fondateurs. En 1838, première année du début de notre industrie, nous vendîmes 10 à 15 mille kilos, et l'année suivante nous dépassions 40 mille kilos. Depuis quinze ans environ, nous n'avons jamais été au-dessous de 1 million à quinze cent mille kilos par année, ce qui représente un chiffre d'affaires de 180 à 200,000 francs.

Dans le principe, ce n'était que pour engrais que nous nous occupions de la recherche des chiffons de laine; mais comme une industrie naît rarement seule, et sans qu'elle ne soit tôt ou tard suivie d'une nouvelle qui seconde et développe la première, il arriva que l'industrie des draps réclama les chiffons les plus chers et les meilleurs pour, après leur avoir fait subir une nouvelle transformation, les faire concourir à une nouvelle fabrication. Aussi les produits qui se vendaient alors 5 et 6 francs, ont atteint, aujourd'hui, le chiffre incroyable mais réel de 15 à 500 francs les 100 kilos.

Au début nous suffisions seul avec deux employés à notre entreprise ; — aujourd'hui nous occupons à Bordeaux de six à sept cents ouvriers et ouvrières, nous avons des succursales à Béziers et à Narbonne, et nous occupons les détenus du département des Hautes-Pyrénées.

On comprendra pourquoi tant d'ouvriers nous sont utiles lorsque, parmi les chiffons qui nous arrivent de toutes les contrées de l'Europe, il nous faut trouver soixante qualités différentes et qui, toutes, ont des applications spéciales soit en Hollande, en Prusse, en Autriche, en Italie, en Angleterre et surtout en France. Enfin notre chiffre d'affaires, avec les diverses contrées que nous venons d'énumérer, dépasse 2 millions de francs.

Voilà comme une industrie qui, dans le principe, s'annonçait sous les apparences les plus modestes et méritait à peine l'attention, a su s'agrandir et s'accroître et prendre rang parmi les premiers marchés de l'Europe.

Les vieux chiffons de tricots, de tissus de laine et même de draps sont ramenés à l'état de filaments et rentrent de nouveau dans la fabrication des tissus sous le nom de *renaissance*. Ce sont ces nouveaux procédés employés qui permettent de livrer des vêtements dont les prix, réellement peu élevés, ont toujours lieu d'étonner l'acheteur.

Une grande partie de ces chiffons est également employée dans les fabriques de papiers, car on ne fait pas seulement des papiers avec des chiffons de coton, de lin, de linge usé, mais bien encore avec les vieux vêtements de laine; on en emploie considérablement dans la fabrication des papiers veloutés et surtout dans l'industrie des toiles cirées.

Enfin, les débris qui ne peuvent être employés ni à la confection de nouveaux draps, ni à la fabrication du papier, sont destinés à servir d'engrais, à fertiliser le sol, et c'est surtout à ce point de vue que nous voulons étudier le chiffon de laine.

CHAPITRE III.

Le chiffon de laine dans l'agriculture.

—

Pour démontrer quelle importance et quelle valeur ont et doivent avoir en agriculture les chiffons de laine, il nous suffira de citer le témoignage et les propres écrits des plus grands agronomes de notre temps, et auxquels, comme nous le disions plus haut, l'agriculture doit positivement ses plus heureux progrès du moment.

Pour procéder par ordre de temps, nous citerons d'abord l'opinion de John Sinclair, dont l'important ouvrage, l'*Agriculture pratique et raisonnée*, a été traduit de l'anglais par un autre homme jouissant d'une égale autorité en matière agricole, nous voulons dire l'illustre Mathieu de Dombasle. Voici ce que dit l'auteur anglais : « Les chiffons de laine découpés en petits morceaux sont employés à la quantité de 700 à 1,600 kilos par hectare; ils réussissent et surtout sur les sols secs, sablonneux ou crayeux, attendu qu'ils attirent l'humidité de l'atmosphère et la retiennent sur le sol. » Mathieu de Dombasle a remarqué, pour son propre compte, que les effets des chiffons de laine sont surtout frappants dans les sols crayeux. (1)

Chaptal, dans sa *Chimie appliquée à l'Agriculture,* nous dit : « Un des phénomènes qui m'ont le plus étonné dans ma vie, c'est la fertilité d'un champ des environs de Montpellier, qui appartenait à un fabricant de couvertures de laine. Le propriétaire y faisait apporter, chaque année, les balayures de ses ateliers, et les récoltes en blé, en fourrages que j'ai vu produire à cette terre étaient vraiment prodigieuses.

» Pendant longtemps, dit le même agronome, les Génois recueillaient avec soin, dans le midi de la France, tout ce qu'ils pouvaient trouver de retailles et de débris de tissus de laine pour

(1) Au lieu d'employer en nature et seuls les chiffons de laine, le savant agriculteur en formait ordinairement des composts en les mélangeant avec du fumier, en tas, afin d'y déterminer un commencement de décomposition avant leur emploi.

les faire pourrir aux pieds de leurs oliviers. »

M. le comte de Villeneuve, dans son *Manuel d'agriculture pratique à l'usage des départements du Sud-Ouest*, écrivait, il y a quelques années : « J'ai établi, il y a huit ans, une grande usine pour filer la laine et apprêter les draps. En affermant cet établissement, je m'étais réservé les débris des tontes des draps et des bourres et balayures que je faisais ramasser avec soin. Tous ces débris doivent être mis dans un local qui ne soit pas sujet au feu, ce mélange de laine et d'huile occasionnant une fermentation qui enflamme quelquefois le tas ; cet engrais est vraiment admirable pour les vignes. Dans l'hiver, on déchausse un peu le pied des souches, des femmes mettent dans ce creux deux poignées de bourre ou tonte, et on les recouvre de suite ; s'il pleut assez dans l'hiver, l'effet s'en fait sentir au printemps à la couleur foncée des feuilles. C'est ainsi que, dans l'espace de quelques années, j'ai réparé entièrement mes vignes. »

M. de Gasparin, dont la haute autorité en matière agricole ne saurait être récusée, dit, dans son *Cours d'Agriculture :* « Les chiffons provenant des débris des étoffes de laine offrent des ressources d'engrais assez importantes. On compte en moyenne par année, en France, sur une consommation de draps qui s'élève à un poids de 43 millions de kilos ; or, comme les chiffons qui en résultent contiennent à leur état normal 17,98 p 100 d'azote, il en résulterait une masse totale de 7,731,400 kilos d'azote, représentant plus de 1,938,500 kilos de fumier de ferme, pouvant produire plus de 241,606 hectol. de blé. »

Mais il s'en faut beaucoup que cette richesse agricole soit toute recueillie et utilisée ; la plus grande partie en est gaspillée dans les campagnes et ce n'est que dans les grandes villes qu'on peut en réunir une quantité considérable.

En Angleterre, on importe beaucoup du continent de la Sicile pour la culture du houblon ; en province, on se sert de chiffons pour toutes sortes de cultures, principalement dans les terrains secs.

MM. Boussingault et Payen, dans leur *Mémoire sur les Engrais* (1), citent l'économie que M. Delongchamps réalisait, près de Paris, sur une terre de 183 hectares, par l'emploi des chiffons. Il fumait d'abord avec 3,000 kilos de chiffons de laine, et, trois ans après, il donnait à la même terre une fumure de fumier ordinaire, dont le principal objet était d'entretenir le sol dans un état d'ameublissement convenable. Trois ans plus tard, nouvelle fumure avec les chiffons de laine, qui revenaient ainsi tous les six ans sur la même terre

M. Isidore Pierre, auquel la chimie agricole doit les travaux les plus intéressants et en même temps les plus consciencieux, dit, dans l'un de ses ouvrages : « La laine est reconnue, depuis longtemps déjà, comme un excellent engrais, et l'on s'accorde assez généralement pour attribuer en grande partie son efficacité à sa grande richesse en matières azotées; la laine con-

(1) *Annales de Chimie*, 3e série, t. III, p. 86.

tient de 160 à 180 millièmes de son poids d'azote. Outre la grande proportion d'azote qu'elle dose, la laine renferme encore beaucoup de soufre qui doit jouer un rôle important dans son action comme engrais. »

M. Basset, dans sa *Chimie de la Ferme,* écrit : « C'est, à mon avis, le meilleur et le plus durable des engrais supplémentaires ; mettez-en sur vos terres toutes les fois que vous en trouverez l'occasion. »

Enfin, M. Rohart, dont les nombreux conseils ont rendu de véritables services à l'agriculture de notre époque, surtout en matière d'engrais, dit dans son *Guide de la fabrication économique des engrais :* « Il suffit d'avoir vu les transformations opérées en quelques années par les déchets de laine sur les plus pauvres terres de la Champagne et notamment à l'est de Reims, et pour ainsi dire aux portes de la ville, pour apprécier toute la valeur agricole de ces résidus et pour comprendre la vigilance proverbiale du paysan champenois à l'égard de l'enlèvement des balayures des fabriques de tissus de laine et des filatures. Les terrains les plus ingrats qui, il y a vingt ans à peine, ne se révélaient que par une déplorable stérilité, produisent, depuis longtemps, les plus belles récoltes et donnent les rendements les plus élevés. Dans ces contrées ces déchets ne sont amenés sur les terres qu'avec le fumier des bestiaux, avec lequel ils ont été préalablement mélangés et après avoir fermentés ensemble. C'est une bonne et judicieuse méthode, car l'humus manque aux débris laineux pour pouvoir fournir à la végétation tous les éléments dont elle a besoin, et le fumier de ferme en est toujours amplement pourvu. En un mot, c'est un excellent moyen d'augmenter économiquement la puissance du fumier en élevant sa richesse en azote sans surcharger inutilement son volume et son poids. »

Et pour citer une dernière mais précieuse autorité, M. Petit-Lafitte, le digne et savant professeur d'agriculture de la Gironde, écrivait dans le journal publié à Bordeaux du 10 novembre, *les Tablettes agricoles*, et dans la *Feuille du Di-*

manche : « Nous constatons avec bonheur les efforts persévérants faits par la maison Ariès de Bordeaux pour recommander dans un pays qui n'en connaît pas l'usage la puissance fécondante des chiffons, surtout pour les productions ligneuses. »

Après de semblables autorités nous pouvons, en toute assurance, apporter ici les résultats de notre expérience et déclarer que les essais que nous avons conseillés, dans le Languedoc surtout, ont été couronnés par les plus grands succès. Les chiffres que nous obtenons le prouvent de la manière la plus éclatante. En 1838, au début de cette industrie, comme nous le disions plus haut, nous ne dépassions pas 10,000 fr., et aujourd'hui nous atteignons chaque année 250 à 300,000 fr.

Quelle est donc la véritable cause de succès si rapides et en même temps si constants? C'est ce que nous allons démontrer dans les chapitres qui vont suivre.

CHAPITRE IV.

De la valeur de l'azote en agriculture.

Dans son *Cours d'agriculture* (1), M. de Gasparin écrit : « Le besoin de substances azotées est tellement senti, que sans analyse préalable, par un accord général spontané, fruit de l'expérience de tous les peuples, le prix de chacune des substances qui le contiennent est presque relatif à la quantité d'azote qu'elles renferment dans chacun des emplois que l'on peut en faire. C'est donc cette substance la plus rare, la plus chère, la plus nécessaire que nous devons rechercher la première ; c'est elle qui doit surtout nous préoccuper dans le choix de nos engrais. Quand nous aurons pourvu nos terres d'azote, il sera facile ensuite de trouver les autres suppléments nécessaires à la végétation. »

Sans l'azote, en effet, les végétaux ne sauraient

---

(1) Tome I, p. 549.

ni ne pourraient exister ; aussi la nature, toujours prévoyante, a-t-elle voulu qu'ils en trouvassent à leur disposition et dans l'air et dans le sol.

C'est l'agent fertilisateur par excellence, et c'est de lui que les fumiers et tous les engrais tirent leur plus grande valeur agricole.

On doit reconnaître aussi, avec les physiologistes, qu'il est également l'agent suprême de toute nutrition, parce que c'est à lui également que nos plantes alimentaires et tout ce qui sert à la nourriture des hommes et des animaux empruntent leur plus grande valeur nutritive, et, comme le dit M. Rohart, dans l'ouvrage déjà cité, l'histoire entière de la végétation et celle de la vie animale sont donc dans la présence de ce principe universel, puisqu'il est la source de la vie pour les hommes, les animaux, les végétaux, puisqu'en privant nos aliments de leur élément azoté, toute qualité nutritive disparaît, puisqu'en privant la terre de l'azote qui contiennent ses matières organiques, il n'y a pas de végétation.

Comme on s'accorde à attribuer un rôle capital aux principes azotés qui se trouvent soit dans les matières végétales destinées à l'alimentation de l'homme ou des animaux, soit dans les débris végétaux qui concourent à la production des engrais, il ne sera pas sans intérêt de citer quelques-uns des nombres qui expriment la richesse en azote des produits végétaux les plus usuels. Ces nombres sont rapportés à 1,000 parties de matière sèche :

	Proportion d'azote pour 1,000 parties.	
Froment (graine)..........	de 21	à 29
— (paille)...........	4	6,5
Sarrasin (graine)..........	22	24
— (paille)...........	6,5	8
Seigle (graine)............	19	21
— (paille)............	3,5	5
Orge (graine)............	20	22
— (paille............	3	4
Avoine (graine)...........	16,2	20
— (paille)...........	4,5	5
Sainfoin (graine)..........	46	47
— (fourrage fané)......	18,1	22,5
Luzerne (idem)...........	27	28
Trèfle rouge (idem).........	22	23,5
Ajonc...............	18,6	
Foin de pré naturel.........	12	20
Paille de colza...........	5	6
Siliques de colza..........	7,3	7,5
Navets...............	16,5	17,9
Betteraves.............	13,5	23
Carottes..............	15	17

D'après ce qui précède, on ne saurait contester le rôle important et éminent fertilisateur de l'azote. Il nous reste maintenant à examiner quelle est sa valeur commerciale et les sources où on peut se le procurer, dans les meilleures conditions de prix et d'assimilation. Il est admis que la valeur commerciale des principaux engrais du commerce est d'autant plus élevé que la richesse en azote est plus considérable, et nous pouvons prendre pour exemple quelques engrais reconnus et généralement employés :

Chairs sèches....	13 0/0 azote,	25 fr. les 100 kilos.
Sang sec..........	15 —	25 —
Guano.............	14 —	30 —

Seulement, cette règle n'a pas toujours été suivie, et il ne nous serait pas difficile de citer certains engrais dosant une assez faible quantité d'azote et cotés à des prix fabuleux. D'où ces engrais tirent-ils leur autre valeur ? C'est ce que nous ne pouvons dire. Mais nous déclarerons que l'azote, dans un engrais, a toujours été, pour nous, le véritable type de sa valeur tant agricole que commerciale.

Produire cet azote dans les meilleures conditions possibles, c'est-à-dire à bon marché et d'une assimilation parfaite, tel est le grand problême d'économie agricole que nous avons cherché à résoudre, et qu'effectivement, nous avons résolu en offrant aux agriculteurs l'engrais *chiffon et poussier de laine*.

En effet, si, pour le prix, nous établissons une comparaison avec les autres engrais les plus riches en azote, nous voyons que nous sommes dans des conditions bien plus avantageuses pour les agriculteurs, puisque nous donnons 12 à 15 p. 100 d'azote pour 15 fr., lorsque le guano du Pérou et autres engrais animalisés, dosant les mêmes quantités, sont livrés au prix de 30 et 35 fr. les 100 kilos. D'un côté, on a l'azote à 1 fr. le kilo, et de l'autre, on le paie 2 fr.

Si suivant la pratique agricole qui paraîtrait avoir force de loi, on accorde 40 kilos d'azote à la culture d'un hectare, on comprendra, à l'aide du plus simple des calculs, tout l'avantage qu'il y aura à se servir du chiffon engrais, puisqu'il n'occasionne que la moitié de la dépense.

Si, d'un autre côté, nous examinons les diverses propriétés de l'azote qui se trouve dans les différents engrais, nous verrons encore que tout l'avantage se trouve du côté de l'azote contenu dans le chiffon-engrais. En effet, l'azote du chiffon se dégage avec lenteur et fait, par conséquent, sentir ses effets très longtemps ; l'azote, au contraire, de certains engrais, renfermant trop de matières animales, se dégage rapidement et les effets sont de très peu de durée ; aussi, l'engrais demande-t-il à être souvent renouvelé, et il n'en est pas ainsi pour le produit qui nous occupe, puisque sa durée, dans le sol, est de cinq à six ans.

Outre la grande proportion d'azote qu'il contient, le chiffon-engrais renferme, comme nous le disions plus haut, une assez grande quantité de soufre qui, très certainement, joue un rôle important dans son action comme engrais. La potasse qui se trouve dans le suint, dont le chiffon n'est jamais dépourvu, malgré les préparations qu'il subit, contribue aussi à augmenter la valeur agricole de notre produit. On sait quel rôle important l'on fait jouer à la potasse dans la végétation ; il est donc très avantageux de pouvoir constater la présence de ce précieux alcali dans le chiffon que nous donnons pour engrais.

CHAPITRE V.

Emploi et vente du chiffon de laine.

La dose de chiffon nécessaire à la fumure d'un hectare n'est pas la même partout. En Angleterre, on ne le porte guère au-delà de 1,600 kilos ; on l'applique avec beaucoup de succès à la plantation du houblon, aux pommes de terre, aux betteraves et à d'autres plantes qui, semées en rayon, facilitent la distribution de l'engrais.

En France, on applique principalement le chiffon de laine à la culture de la vigne, des oliviers, des amandiers et du houblon, surtout dans la Provence, et enfin, de tous les arbres fruitiers. Nos observations et une longue expérience nous ont démontré qu'une livre ou 1/2 kilo par pied de vigne suffit, au moins, pour cinq à six ans. Pour un arbre on met la quantité de 1 à 3 kilos, suivant la force de l'arbre.

Notre maison qui, depuis trente ans bientôt, comme nous le disions plus haut, fournit toutes les contrées du Languedoc, a toujours vendu de 14 à 20 fr. les 100 kilos, suivant les récoltes ; si, aujourd'hui, nous baissons nos prix, en livrant à 15 fr. au lieu de 20, c'est que nous avons supprimé les intermédiaires entre nous et l'acheteur, et il est juste que nous fassions profiter l'agriculteur de cet avantage.

Le titre du chiffon qui sort de nos magasins a toujours été 12 à 16 p. 100 d'azote.

CHAPITRE VI.

Poussier de laine.

—

Le poussier de laine diffère du chiffon par son aspect et sa forme ; c'est le résidu de laine provenant du *délissage* du chiffon et des manufactures de draperie.

Sa richesse en azote, d'après les analyses que nous en avons fait faire plusieurs fois, est de 5 à 6 p. 100. Son emploi est le même que celui du chiffon ; seulement, les quantités à employer doivent nécessairement être plus considérables ; mais le prix, il faut le remarquer, est aussi moins élevé, puisque nous le livrons à raison de 12 fr. les 100 kilos.

Après le chiffon et le poussier de laine, il nous arrive parfois, comme conséquence de notre industrie, d'avoir des quantités assez notables de cornailles, de poils et de chiquettes. Tous ces produits, également très riches en azote, sont livrés à l'agriculture dans de très bonnes conditions. L'expérience a prouvé depuis longtemps que la rapure de corne agit comme engrais avec beaucoup d'énergie, convient à toute espèce de sol et dure fort longtemps ; les cultivateurs anglais l'emploient souvent à la dose de 36 hectolitres à l'hectare. — Leur prix est de 25 fr. les 100 kilos.

Les diverses matières ci-dessus désignées ont sensiblement la même composition. Voici leur analyse :

Carbone	510
Hydrogène	67
Oxygène / Soufre	257
Azote	166
	1,000

CONCLUSION.

Nous arrêterons ici les divers renseignements énoncés dans cette brochure et auxquels il nous eût été facile de donner des développements bien plus considérables ; mais nous ne voulons point fatiguer le lecteur par de trop longues dissertations. Seulement, comme preuve à l'appui de ce que nous venons d'écrire dans les pages qui précèdent, nous citerons des noms, non-seulement illustres dans les diverses carrières qu'ils honorent, mais aussi par les soins remarquables qu'ils apportent à cultiver leurs immenses domaines. Par eux-mêmes ou par leurs représentants, ils ont, les uns depuis longues années, les autres depuis peu de temps, il est vrai, expérimenté le chiffon de laine dans diverses contrées. Les succès ont été partout les mêmes et toujours constants. C'est ce que ne pourront récuser MM. :

de Rigaud, à Capestang (Hérault).

Mme la Comtesse d'Exéa, château de Césame (Gironde).

Mme la Comtesse de Sarret, sœur du maréchal Mac-Mahon, à Béziers (Hérault).

Marquis de Suffren, château de Fressan (Hérault).

Général Imbert de Saint-Amand, château de Colombiers (Hérault).

Comte de Beauxhostes, château de Colombet.

Duc de Sabran-Pontevès, château du Lac (Hérault).

Baron de Grasset, château de Tarailhon (Hérault).

Tissier-Sarrut, château de Pardailhan (Hérault).

Comte d'Hauteroche, château Rouvignac (Hérault).

Marquis de Graves, château de Vitarelle (Hérault).

de Romeu, à Perpignan.

de Gères, à Castillon (Dordogne).

de Saint-Girons, château de Lestage.

Comte Dalbessart, à Blanquefort (Gironde).

Comte Duchatel, à Lagrange (Gironde).

Comte de Rochefort, à Lamarque (Gironde).

Baron de Cazes, à Saint-Christophe (Gironde).

Hubert de l'Isle, sénateur, à St-André de Cubzac (Gironde).

MM.

Prom, à Saint-Caprais (Gironde).

de Saint-Pierre, à Lamothe-Landeron (Gironde).

de Lapasse, à Saint-Jory (Haute-Garonne).

de Casteras, à Perpignan.

du Courrech, à Saint-Emilion (Gironde).

Crouzat, à Ventenac (Aude).

Landry, à Challais (Charente).

Malvezin, ancien avocat, à Verteuil (Médoc).

Le Glay, ex-sous-préfet de Libourne.

L. Fourcand, propriétaire à Libourne.

Le Baron de Pichon-Longueville, à Saint-Julien.

Fornerod, au château Lescour et des Artigues (Médoc).

Cahuzac, armateur à Bordeaux.

Piganeau & Fils, banquiers à Bordeaux.

Soula & Cie, banquiers à Bordeaux.

Balguerie, négociant propriétaire, au domaine de la Salle de Pez (Médoc).

Sicard, consul à Bordeaux.

de Luze, consul à Bordeaux.

Guibert, armateur à Bordeaux.

de Saint-Georges, à La Tresne.

Pereire, château Palmer (Médoc).

Le Chevalier Daubry, maire à Peugeard.

Henri Eymond, maire à Saint-Loubès.

Massé, propriétaire du château de la Rivière (Gironde).

MM,

Frichou, ancien notaire à Laroche-Chalais (Dordogne).

Sourzac, médecin à Chalais (Dordogne).

Tabuteau, propriétaire du Château-d'Aigues.

Bonaston, médecin à Montmoreau.

Troy, conseiller à la Cour impériale de Bordeaux.

Clouzet, à Bordeaux.

Uzac, propriétaire du domaine Latour, à Talence.

Comte de Cassagne, à Béziers.

Fayet, à Béziers.

Laforgue de Quarante.

Gineste, à Bassoul.

Castre, maire à Capestang.

Pelissier, à Murviel (Hérault).

Pastre, à Autignac.

Comte de Luetkens, château Carnet (Médoc).

Comte de Fumel, à Lamarque (Médoc).

Lartigues, à Capestang.

Seguy, à Narbonne.